Citation: Jones, A.M., and Ellis, J. (2012). My Life As A Plant. Rockville, Md.: American Society of Plant Biologists.

Address correspondence to ASPB, 15501 Monona Drive, Rockville MD 20855 USA. www.aspb.org.

Library of Congress Cataloging-in-Publication Data
LC control no.: 2012939279
LCCN permalink: http://lccn.loc.gov/2012939279
Type of material: Book (Print, Microform, Electronic, etc.)
Personal name: Jones, Alan.
Main title: My life as a plant / Alan Jones, Jane Ellis.
Edition: 1st ed.
Published/Created: Rockville, MD : American Society of Plant Biologists, 2012.
Description: p. cm.
Projected pub date: 1206
ISBN: 9780943088686 (alk. paper)

Translated by: Yael J. Avissar
Printed in the United States of America
First impression, June 2012, Minuteman Press, Inc.

Az én növényi életem

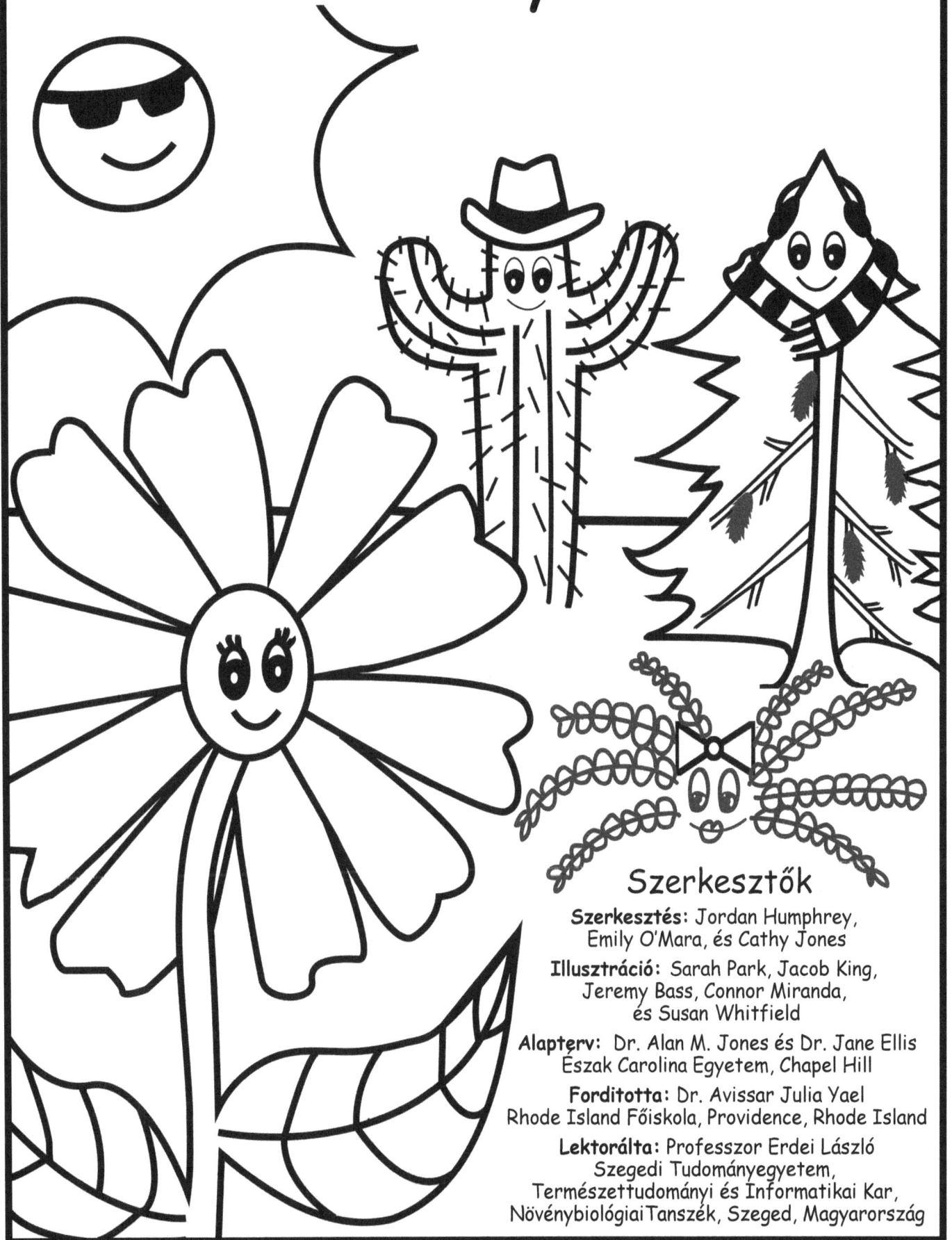

Szerkesztők

Szerkesztés: Jordan Humphrey, Emily O'Mara, és Cathy Jones

Illusztráció: Sarah Park, Jacob King, Jeremy Bass, Connor Miranda, és Susan Whitfield

Alapterv: Dr. Alan M. Jones és Dr. Jane Ellis Észak Carolina Egyetem, Chapel Hill

Forditotta: Dr. Avissar Julia Yael Rhode Island Főiskola, Providence, Rhode Island

Lektorálta: Professzor Erdei László Szegedi Tudományegyetem, Természettudományi és Informatikai Kar, Növénybiológiai Tanszék, Szeged, Magyarország

"Szervusz! Engem Sally Napraforgóvirágnak hívnak! Az én gyökereim a föld ALATT vannak és az én száram és leveleim a föld FÖLÖTT nyujtózkodnak a nap felé."

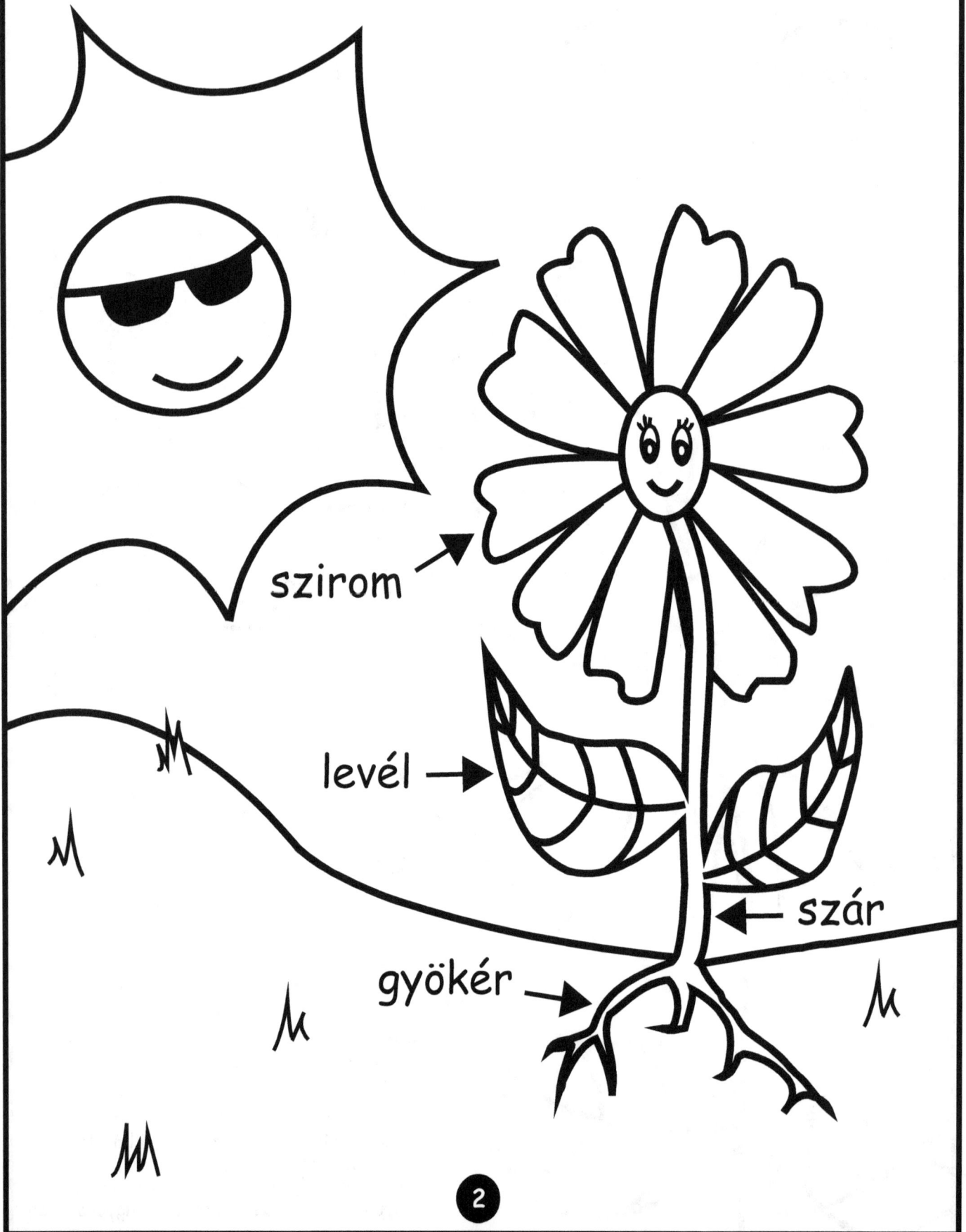

szirom

levél

szár

gyökér

A növények magból nőnek felfelé, a nap felé.
Segítsd a kis palántát, hogy megtalálja az utat
a nap felé.

3

"Nekem is étel kell ahhoz, hogy fel tudjak nőni, úgy mint NEKED!

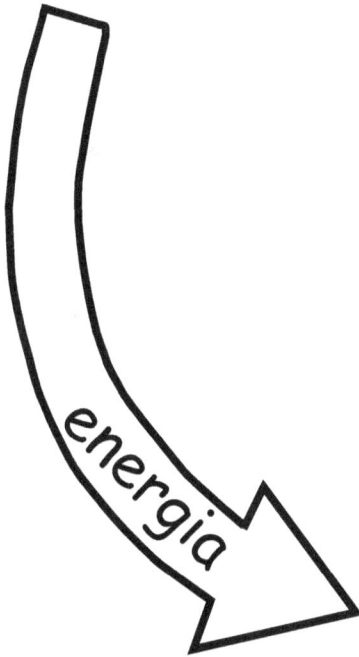

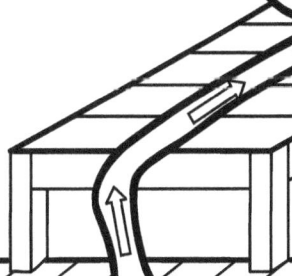

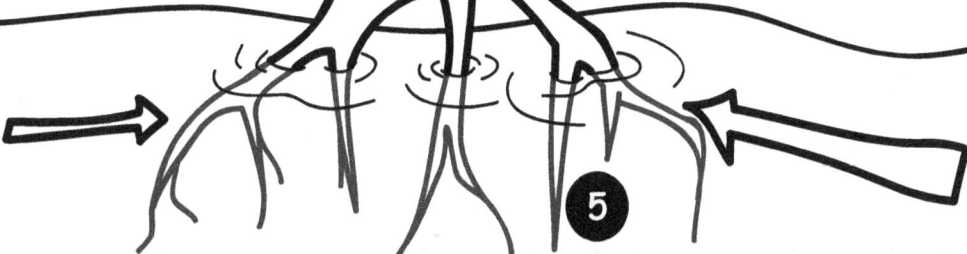

"Mindkettönknek ételre van szükségünk, de az ételünket másképp készítjük. Gyere, hasonlítsuk össze a receptjeinket."

Sally étele

Fotoszintézis

- nap
- széndioxid (CO_2)
- klorofill
- víz (H_2O)
- ásványok

Jól összekeverve ezeket cukrot és oxigént kapunk

Emberi étel

Sütés Nélküli Földimogyoró Sütemény

- 8 darab keksz, összezúzva morzsákra
- 1/4 pohár mazsola
- 1/4 pohár földimogyoróvaj
- 2 evőkanál méz
- 4 evőkanál édesítetlen kókuszdió

H_2O

CUKOR

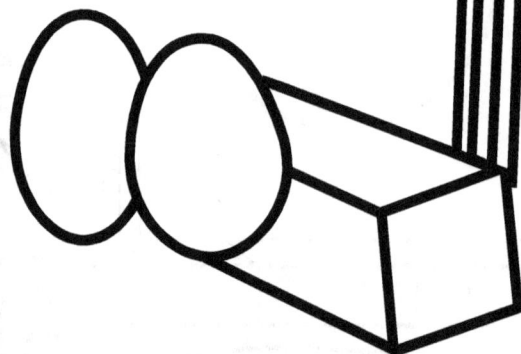

"Mmm... ez finomnak látszik. Készitsük ezt el! Mindig kérj meg egy felnőttet hogy segitsen."

Sütés-nélküli Földimogyoró Sütemény

Kérj meg egy felnőttet hogy segitsen.

Keverd:

össze a keksz morzsát,

mazsolát,

mogyoróvajat,

és a mézet egy kis tálban.

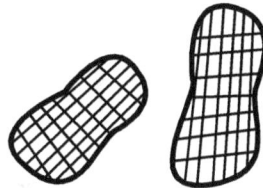

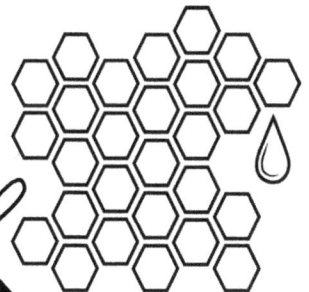

Keverd egy kanállal.

Formázz belőle 8 kis golyót és hempergesd meg kókuszdióban.

Hűtsd le, amíg megkeményedik.

Tudtad-e, hogy ezekben a süteményekben minden a növényekből ered?

"A Nap segít nekem elkészíteni az ételt, amire szükségem van. Kellenek nekem hozzá oxigén is (O_2), víz is (H_2O), és ásványok is. Ezekkel az ételemet átváltoztatom ENERGIÁRA!"

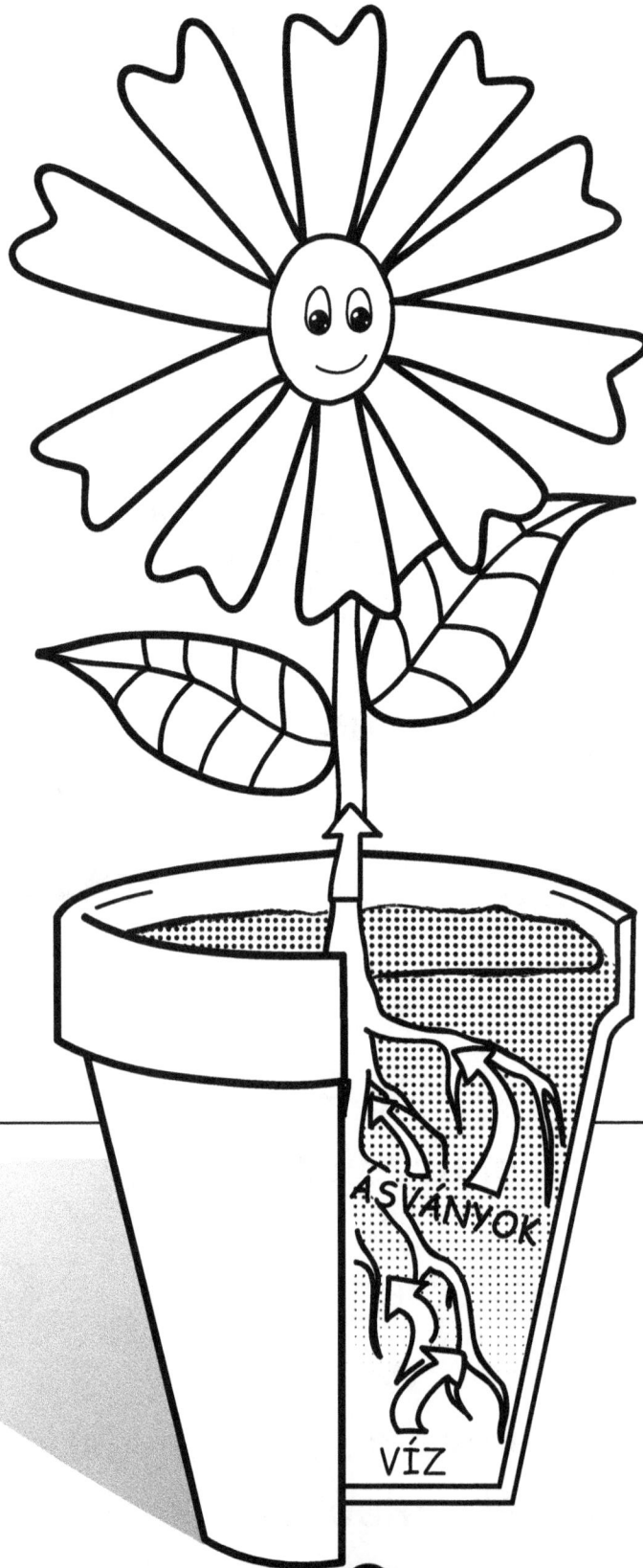

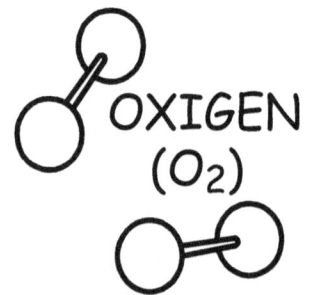

OXIGEN (O_2)

ÁSVÁNYOK

VÍZ

A növények hozzájárulnak
a levegő elkészítéséhez,
amire nekünk szükségünk van.

"Neked csontjaid vannak. Nekem sejtfalaim vannak. Ezek megerősítenek minket a növekedésben."

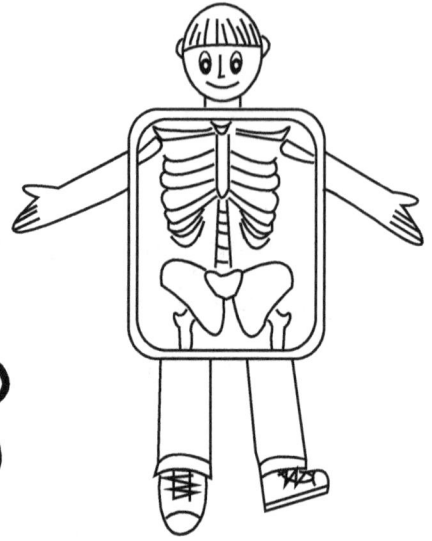

Színezd a sejtfalakat (W) barnára.
Színezd a sejteket (C) sárgára.
Kösd össze a pontokat Sally sejtfalához.

Színezd a (●) zöldre. Ezeket kloroplasztoknak hivják.
Ezek miatt zöld színű Sally.

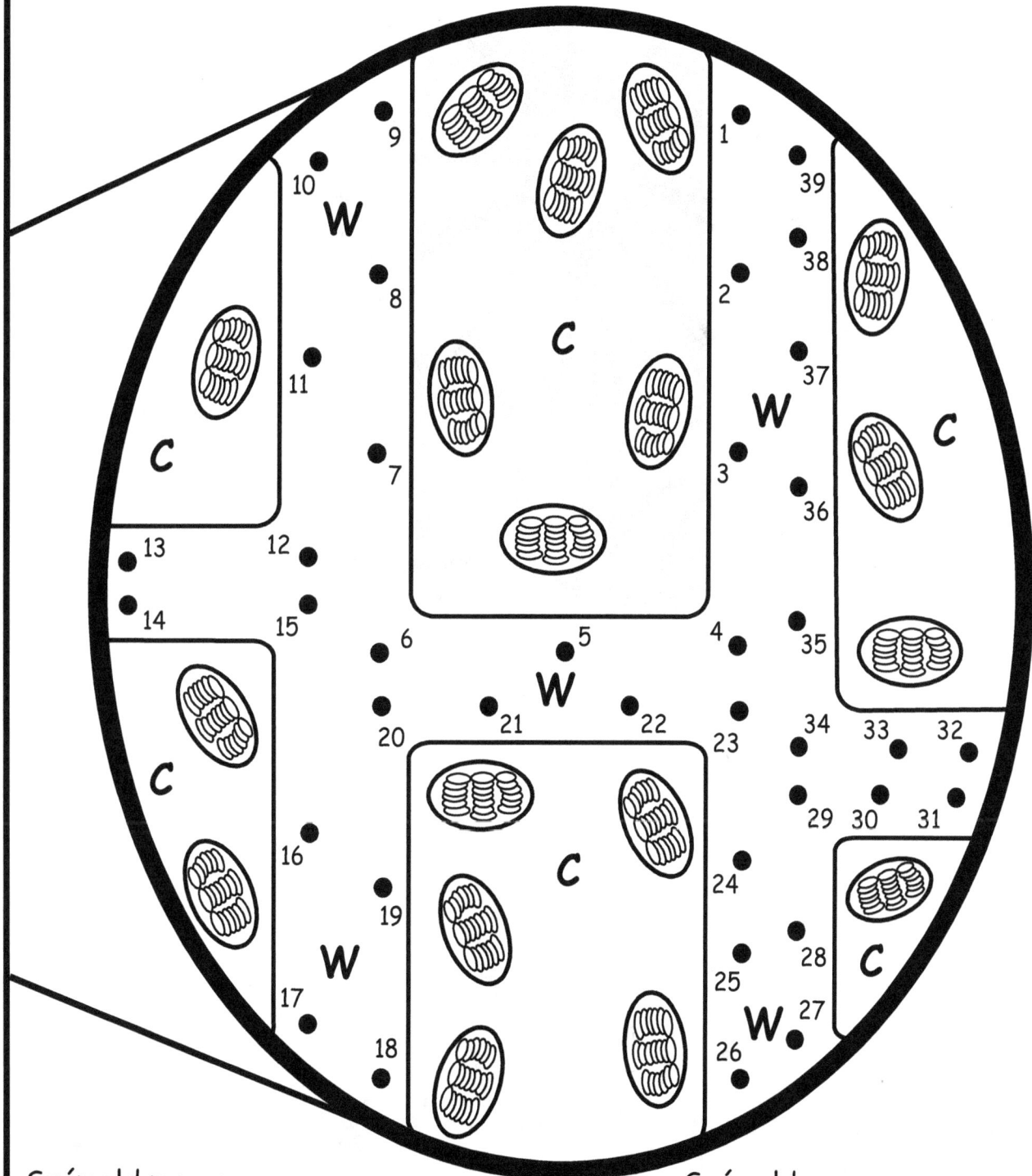

W C C C W C W C

9 10 8 11 7 13 12 14 15
1 39 38 2 37 3 36 35
6 5 4 34 33 32
20 21 22 23 29 30 31
16 19 24 28 25 17 27 26 18

Számold meg a
sárga sejteket. _____

Számold meg a
zöld részecskéket (●) _____

"Te bogár elleni anyagot permetezel magadra,
amikor kimész a parkba.
Én el tudom riasztani a bogarakat enélkül!"

A növények is megsebesülnek néha, úgy mint te.
De a növény új testrészeket tud növelni.
Az emberek erre nem képesek.
Rajzolj új gyökereket a lenti virágra, amit egy ásó levágott.
Ezek a virágok sápadtak. Színezd ki őket ez alkalommal.

"Kösd össze a pontokat megmutatni ki vagyok!
Színezz ki engem."

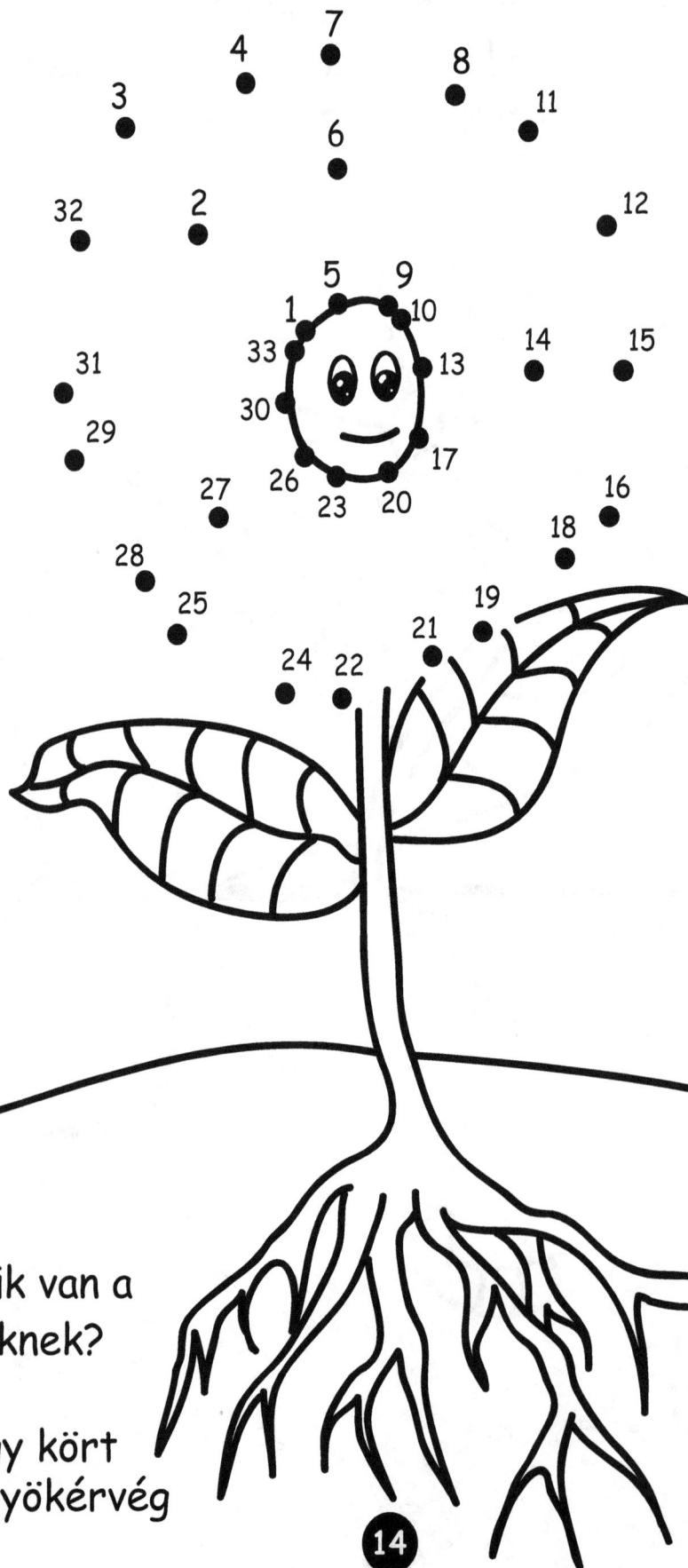

4 7 8
3 11
32 2 12
5 9
1 10
33 13
31 14 15
30
29 17
27 26 23 20 16
28 18
25 19
24 22 21

Hány végük van a
a gyökereknek?

Rajzolj egy kört
az egyik gyökérvég
köré.

14

Kösd össze vonalakkal a szavakat a megfelelő képekkel. Ezek Sally...

1. Szirmai

2. Magjai

3. Szára

4. Gyökerei

Ez Sally képes albuma.
"Én egy nagyon régi családból származok.
Az én családom sokat változott az évek folyamán.
Ez tesz engem olyanná mint amilyen ma vagyok."

ÜKAPA
ALGA

NAGYAPA
MOHA

ÉN!

"Most mesélj nekem a te családodról!
Le tudod rajzolni a te családod albumát is?"

ANYA

APA

A te szemeid
az anyádéhoz
vagy az
apádéhoz
hasonlítanak
jobban?

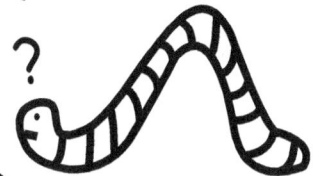

?

és írd ide a nevedet

17

"Az én társaimnak különböző formája és nagysága van."

Kutasd ki!
Rajzold le és színezd ki azt amit látsz!

Gyűjts össze különböző nagyságú és formájú leveleket.

Keress olyan növényeket és állatokat,
amelyek együtt élnek.

"Szervusz! Én Douglas Fenyő vagyok.
Én a hegyekben élek.
Megtartom a tűleveleimet egész éven keresztül.
A fenyő babák a tobozokban levő magokból nőnek ki."

"Kíváncsi vagyok hány fenyő
gyerek nőhet Douglas mellett?"

?

20

"Szervusz! Én Fran Páfrány vagyok. Én a fák tövében élek, az árnyékban."

21

"Szervusz! Én vagyok Charlie Kaktusz. Én a meleg, száraz, sivatagban élek."

Össze tudod párosítani a növényt azzal a hellyel ahol él?

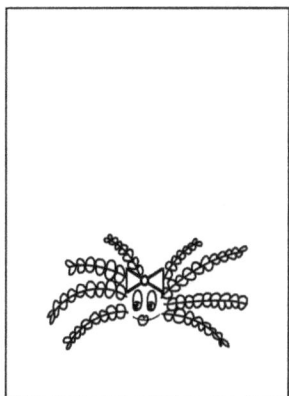

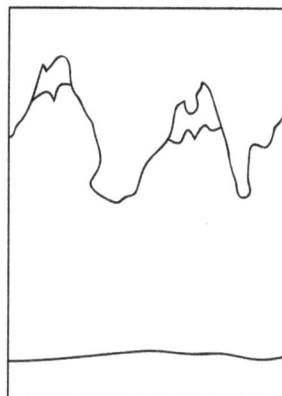

Rajzold le magadat

Most rajzold le a házadat.

"Ettől a sok növekedéstől és játéktól szomjas lettem! Jobb lesz, ha iszok egy kis vizet (H_2O) és mélyen lélegzek!"

A növény csőhálózata

Erre lesz szükséged:

- 1 bögre (jó nehéz hogy ne billenjen föl)
- 1 szál zellerszár
- Étel színesítő

1. Töltsd meg a bögrét félig vízzel.
2. Adjál hozzá 4 csöppnyi étel színesítőt.
3. Vágd le a zellerszár egyik végét.
4. Tedd a zellerszár levágott végét a színes vízbe.
5. Mi fog most történni a zellerszárral? Próbáld kitalálni.
6. Nézd meg mi történik. 6 óránként ellenőrizd.
7. Mit látsz most? Rajzold le mi történt.
8. Vágd félbe a szárat. Mi van benne? Rajzold le.

Ismételd meg ezt a kisérletet különböző hosszú szárú növényekkel. Miben hasonlítanak ezek a kisérletek az elsőhöz? Miben különböznek?

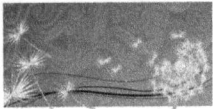

"A barátnőm Betty Méh segít a hímporomat szétosztani!
Ő nagyon keményen dolgozik!
Én szivesen megosztom az édes nektáromat Bettyvel."

Segitsd Betty Méhet a méhkashoz, hímport gyűjtögetve útközben!

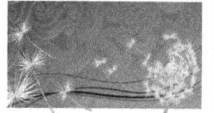

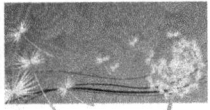

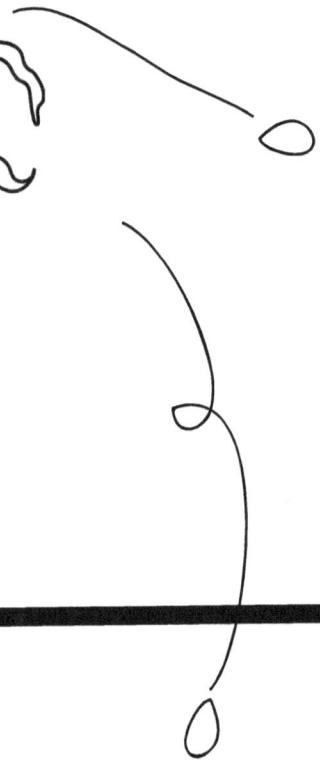
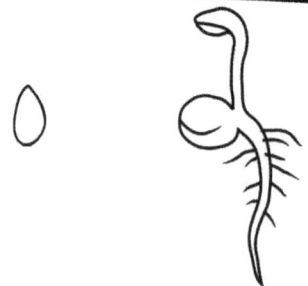

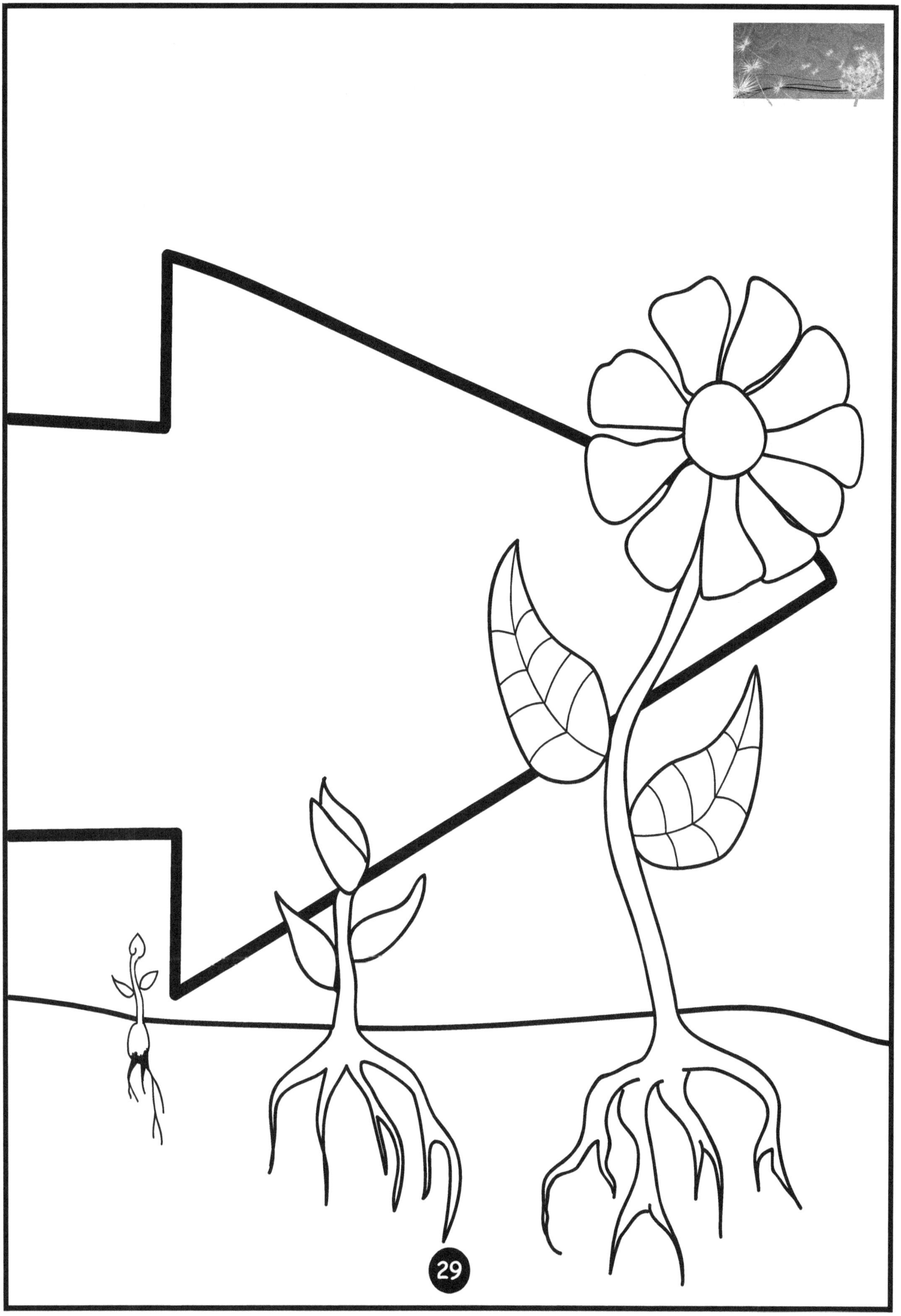

Őszi levelek

Ősszel számos növény levele abbahagyja
a zöld klorofill használatát.
Ekkor a zöld színük elhalványul.
Színezd ki a leveleket őszi színekkel.

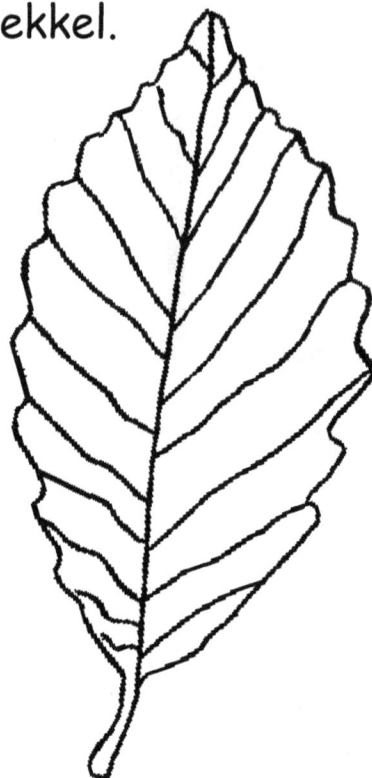

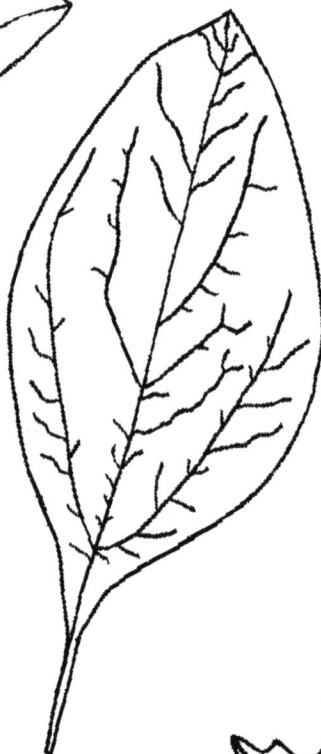

Sok mindenféle készül növényekből.

gabona

Rajzolj kört a növényi eredetű dolgok köré.

újság

Festünk a növényekkel - Foglalkoztatás

Szükséged lesz a következőkre:

- Különböző színes zöldségek, gyümölcsök, virágok és füszerek – például áfonya (friss vagy mirelit),
  sárgarépa, kávé (instant a legjobb), mustár, zöldségek (saláta, spenót) körri por, stb.
  Akármi amivel szeretnél kisérletezni.
- Kis edények
- Festő ecset vagy fülpiszkáló
- Víz
- Ha van – citromlé és szódabikarbóna

Mit fogunk csinálni?
A kis edényekbe tegyél egy kevés anyagot ami össze van vagdosva, zúzva vagy darálva egy kis
vízzel. Ezek az anyagok lehetnek például áfonya, sárgarépa, pirospaprika, saláta vagy spenót.
Miután össze lett zúzva mindegyiket át kell szűrni valamilyen anyagon, vagy kávé szűrőn.
A salátából gyönyörű zöld festék lesz, ha a levelet a rajz fölé helyezed és egy kis érmével
megnyomogatod. Az áfonya és sok más lila gyümölcs, zöldség és virág színt vált attól függően,
hogy savas vagy lúgos környezetben van. Ha egy kis ecetet öntesz az áfonya kivonatba,
az rózsaszínű lesz. Ha egy kis szódabikarbónát összekeversz vízzel és ezt adod hozzá,
akkor egy szép lila színt kapsz. Ezekkel a színes oldatokkal befesthetsz különböző dolgokat,
mint anyagot, rostot vagy kemény tojást.

További foglalkoztatás!
Etesd meg a zöldségeidet!

Szükséged lesz a kövekezőkre:

- 1 zacskó bab
- 2 pohár vagy cserép a magok elültetésére
- homok
- víz
- növény tápoldat

Áztass be 6 magot egész éjjel. Tegyél a poharakba nedves homokot. Tegyél mindegyikbe 3 magot. Tedd a poharakat az ablakba és ellenőrizd naponta. Amikor a növények nőni kezdenek, adjál egy kis növény tápoldatot csak az egyik pohárba. Olvasd el, hogyan és mennyit kell beletenni. 3-4 hét után vedd ki a növényeket a homokból és rajzold le őket ide lent. Miben különböznek a növények egymástól?

Növények tápoldattal:	Növények tápoldat nélkül:

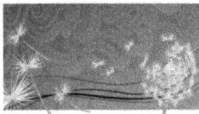

További foglalkoztatás!

Hogyan szaporodnak a növények?

A következőkre lesz szükséged:

- lima bab, napraforgó magok, tökmagok
- víz
- kis poharak
- talaj

Áztasd be a lima babot vizbe egy óra hosszat. A szüleid segitségével válaszd ketté a magot. Egy kis palántát fogsz látni benne kicsi levelekkel és gyökérrel. Áztasd be a többi magot (6-8) egész éjszakára és másnap ültesd őket nedves talajba a kis poharakban. Tedd az ablakba. Nézd meg naponta, hogyan növekednek. Levághatod a répa felső részét is és beleteheted egy kis edénybe amiben van egy kis víz. Ne hagyd kiszáradni és kisérd figyelemmel a növekedését mag nélkül!

Milyen irányba növekedjünk?

Szükséged lesz a következőkre:

- lima vagy másféle bab
- kis cserepek vagy poharak amibe el fogod őket ültetni
- talaj
- víz

Áztasd be a magokat egész éjjel. Másnap tölts meg 2 poharat vagy cserepet nedves talajjal. Tegyél 3 - 4 áztatott magot mindegyikbe, nem sokkal a talaj felszine alá. Tedd mind a kettőt az ablakba és naponta kisérd figyelemmel a növekedésüket. Ne hagyd a talajt kiszáradni. Amikor a növények kb 15 centi magasak, óvatosan fektesd az egyik cserepet az oldalára. Mit gondolsz mi fog történni? Nézd meg hogy növekednek egy hét folyamán. Tíz nap után vedd ki a növényeket a földből és mosd le róluk a talajt. Mi történt a növényekkel? Helyezd őket egy papírra es rajzold le őket. Színezd ki a rajzodat. Mi okozta a különbséget a két növény között? Most ismételd meg a kisérletedet, de tegyed az egyik növényt a napfénybe és a másikat a sötétbe. Mit gondolsz mi fog most történni? Tíz nap után vedd ki a növényt a sötétből és hasonlítsd össze azzal a növénnyel, amelyik a napfényben volt. Mi a különbség a két növény között?

Rajzold le a növényeket és színezd ki a rajzot.

Tanárok, szülők és olvasók:

Ez a színező/foglalkoztató füzet az
Amerikai Növénybiológusok Társaságának (ASPB)
segítségével készült abból a célból,
hogy a legfiatalabb olvasók is részt vehessenek
az Egyesület azon törekvésében,
hogy mindenki lássa és megértse a növények
hasznosságát, szépségét és fontosságát
a mindennapi életünkben.

Ez a füzet fedezte mind a 12 növényélettani
alapelvet, amit az ASPB Nevelésügyi Alapitványa
megfogalmazott (nézd a hátsó oldalt) olyan módon,
hogy azt a legfiatalabb olvasók is megértsék
és érdekesnek találják.

Az volt a cél, hogy a növények anatómiája,
fiziológiája, ökológiája és evolúciója hozzaférhető
és szórakoztató módon legyen bemutatva.

Ezek a füzetek, és további tudnivaló
a lehetőségekről a környékbeli növény
kutatókkal való kapcsolatotteremtésről,
elérhetők az info@aspb.org honlapon.
Tovabbi ingyenes elemi és középiskolai szinvonalú
anyag található az www.aspb.org/education alatt.

www.ingramcontent.com/pod-product-compliance
Lightning Source LLC
Chambersburg PA
CBHW080723220326

41520CB00056B/7411